U0376301

2002上海住宅

空调外机设置设计图集汇编

COLLECTION OF OUTDOOR AIRCONDITIONER SETTING AND DESIGN

中 国 建 筑 工 业 出 版 社

图书在版编目（CIP）数据

2002 上海住宅空调外机设置设计图集汇编／上海市住宅发展
局编．－北京：中国建筑工业出版社，2003
ISBN 7-112-05756-6

I.2... II.上... III.房屋建筑设备：空气调节设备－安
装－设计－上海市－图集 IV.TU831.4-64

中国版本图书馆 CIP 数据核字(2003)第 022311 号

责任编辑：韦 然 徐 纺

2002 上海住宅空调外机设置设计图集汇编

上海市住宅发展局 编

中国建筑工业出版社 出版、发行（北京西郊百万庄）
新华书店 经销
上海界龙印刷装订厂 制版、印刷

开本：889×1194mm 16 开
印张：6 字数：185 千字
2003 年 5 月第一版 2003 年 5 月第一次印刷
印数：1-6000 册 定价：60.00 元（含光盘）
ISBN 7-112-05756-6
 TU·5055 （11395）

版权所有 翻印必究
如有印装质量问题，可寄本社退还
（邮政编码 100037）
本社网址：http://www.china-abp.com.cn
网上书店：http://www.china-building.com.cn

前言
Foreword

  随着人民生活水平的日益提高，上海作为一个国际化大都市的地位进一步确立，保护与美化城市环境已显得更加重要与紧迫。但是当前住宅小区内空调外机不规范设置的矛盾越来越突出，不仅破坏了住宅建筑立面形象，也危及城市景观与环境。为了确保人民住区安全，美化住宅环境，同时针对房地产开发商对空调外机设置重视程度不一，设计单位设计形式不够成熟的现状，由上海市住宅发展局主编，上海市高等教育建筑设计研究院参编的《2002上海住宅空调外机设置设计图集汇编》应运而生。

  本图集收集了近年来上海市新建住宅在空调外机的设置上有独到之处的23个楼盘的资料，其设置形式可分为百叶式、栏杆式、自然式和连接管式隐蔽，并配以彩色照片、建筑平面图、建筑立面图、节点构造详图和光盘资料。此外附有目前市场上常用品牌空调外机有关参数汇总表供参考。

  由于时间紧，好的空调外机设置方式可能还有遗漏，希望本图集对各级政府管理部门、设计院、房地产开发商和购房者有所启迪和帮助。同时我们也相信新建住宅空调外机设置"安全、统一、美观、隐蔽"的要求会让更多的人接受并变为自觉的行动。

  本图集在编制过程中，得到了各级领导的指导和关心，有关设计院、区住宅局、房地产开发商都给予大力支持和协助，在此一并表示衷心的感谢。

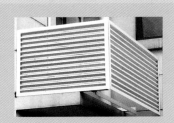

主编单位：
上 海 市 住 宅 发 展 局

参编单位：
上海市高等教育建筑设计研究院

支持单位：
上海市各区县住宅局（署）
上海市气象影视中心

编委会主任：　毛佳樑

编委会副主任：林应清

编委：

王安石	赵正宽	夏颖秋	王扣柱
高雯瑜	王金和	许文友	叶兆伟
相遇龙	吴志宏	叶坚坚	季　铭
赵　平			

主编：　王安石

编辑：　陈浩群
　　　　周立国

创意设计：　夏鸿杰
平面设计：　张　雷　曹喆颖
参编与拍摄：计浩军　蒋梅珍　王建业　冯晓慧
　　　　　　孙　坚　王忆云　张华芳

上海市住宅发展局
上海市房屋土地管理局
上海市建筑业管理办公室

沪住规〔1999〕065 号

关于本市住宅项目实行
空调机位置统一设置的通知

各区、县建设委员会、住宅发展局（署、办）、房地局（房产局）、质监站、各住宅开发建设单位、各住宅设计、施工、监理单位、各物业管理单位：

　　为进一步提高本市住宅建设的总体质量水平，不断美化市容、市貌，更好地体现住宅建设以人为本的宗旨，按照市政府提出的"高起点规划、高水平设计、高质量施工、高标准管理"的要求，经研究，决定对本市住宅建设项目实行空调机位置统一设置。现就有关事项通知如下：

— 1 —

关于本市住宅项目实行
空调机位置统一设置的通知

各区、县建设委员会、住宅发展局（署、办）、房地局（房产局）、质监局、各住宅开发建设单位、各住宅设计、施工、监理单位、各物业管理单位：

为进一步提高本市住宅建设的总体质量水平，不断美化市容、市貌，更好地体现住宅建设以人为本的宗旨，按照市政府提出的"高起点规划、高水平设计、高质量施工、高标准管理"的要求，经研究，决定对本市住宅建设项目实行空调机位置统一设置。现就有关事项通知如下：

一、凡本市新建住宅项目，必须做好每幢住宅有关空调机位置统一设置的设计。在设计中要适度超前，结合住宅的立面效果、平面布局、使用功能等，合理规划好空调机的数量，并在有关图纸中将住宅墙体上的空调室内、外机组连接管预留孔位置、室外机组安放位置、冷凝水统一排放管位置等标识清楚。

二、开发建设单位在上报住宅项目扩初审查时，应将有关住宅空调机位置统一设置的内容作为必审的部分上报，市或区、县住宅建设管理部门应在审查中提出意见。

三、住宅项目施工过程中，施工单位必须按照设计图纸实施，质监部门和监理单位应严格按照规定对有关住宅空调机位置统一设置的施工内容进行监督、检查和管理。

四、市或区、县住宅建设管理部门在对新建住宅办理交付使用许可证时必须严格把关，对涉及住宅空调机位统一设置的内容进行检查。如不符合要求的，应责成开发建设单位整改后才予以发证。

五、物业管理单位在开发建设单位将住宅交付住户（业主）使用时，必须对住户（业主）安装空调机进行指导和监督，使住户（业主）按设计的位置进行安装，并切实做好管理工作。

六、对在建、已建的住宅项目，应按以下要求实施：

1、对尚未开工的项目，设计中未考虑空调机位置统一设置的，开发建设单位必须先修改设计，然后施工。

2、已在施工的住宅项目，没有按照空调机位置统一设置设计方案的，开发建设单位必须在办理交付使用验收前及时纠正。

3、住户（业主）已入住，在安装空调机时，物业管理单位应根据住宅的实际情况，按空调机位置统一设置的有关要求，做好管理工作。开发建设单位应负责补做冷凝水统一排放管。

七、本通知自1999年6月1日起实行。

一九九九年四月十九日

目　录

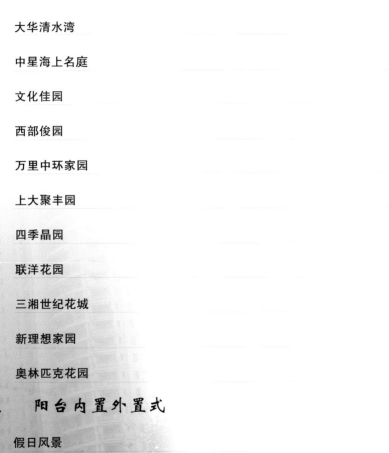

3.外墙悬挑式

4.室外机连接管的隐蔽

附录

1.窗间、窗台式

　　主要利用住宅建筑凸窗的上下及两侧空间设置空调外机位置，外覆活动式百叶盖。该种方式整体性较强，立面处理隐蔽、美观，凸窗两侧安装的百叶窗还可把连接管和冷凝水管隐藏在内，但它的缺点是不利散热及安装较复杂。可考虑采用不同形式的外覆活动式遮挡材料，疏密适度，以增加透气散热效果。

大华清水湾

项目名称:大华清水湾

占地面积:145000m² 总建筑面积:340000m²

开 发 商:上海华运房地产开发有限公司

设计单位:河北省建筑设计研究院

楼盘地址:上海凯旋北路1555号

一号楼北立面图

商　场

白色外墙涂料
灰色外墙涂料
白色外墙涂料

灰色外墙涂料
白色外墙涂料

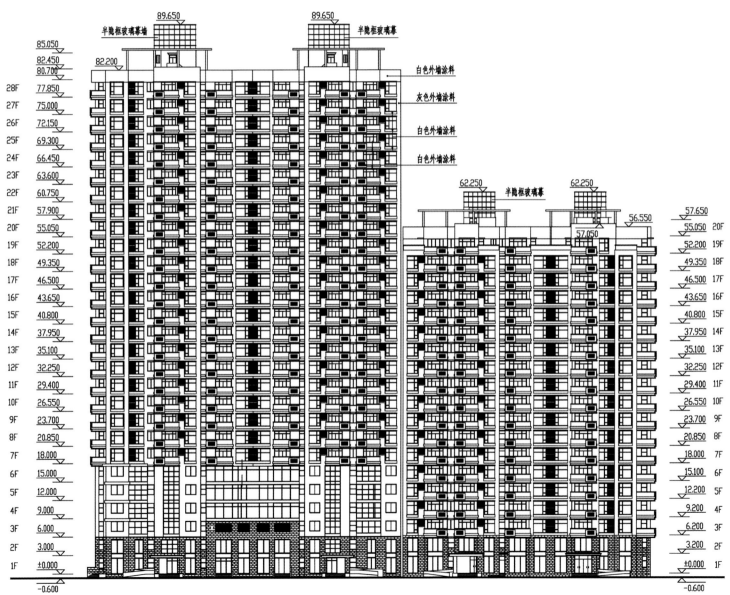

一号楼南立面图

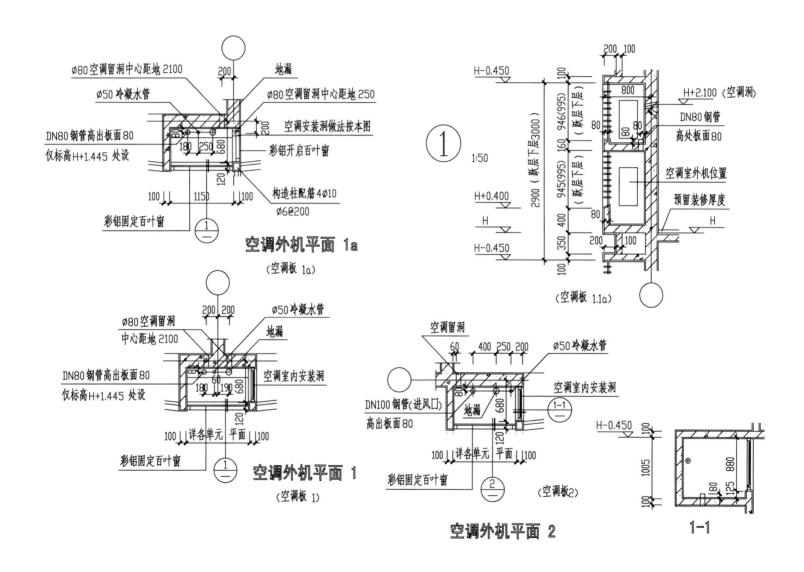

Ø80空调留洞中心距地 2100

Ø50冷凝水管

地漏

Ø80空调留洞中心距地 250

空调安装洞做法按本图

DN80钢管高出板面80
仅标高H+1.445 处设

彩铝开启百叶窗

构造柱配筋4Ø10
Ø6@200

彩铝固定百叶窗

空调外机平面 1a

（空调板 1a）

① 1:50

（空调板 1.1a）

H+2.100 （空调洞）

DN80 钢管
高处板面80

空调室外机位置

预留装修厚度

Ø80空调留洞
中心距地 2100

Ø50冷凝水管

地漏

DN80钢管高出板面80
仅标高H+1.445 处设

空调室内安装洞

彩铝固定百叶窗

空调外机平面 1

（空调板 1）

空调留洞

Ø50冷凝水管

DN100 钢管（进风口）
高出板面80

空调室内安装洞

地漏

彩铝固定百叶窗

（空调板2）

空调外机平面 2

1-1

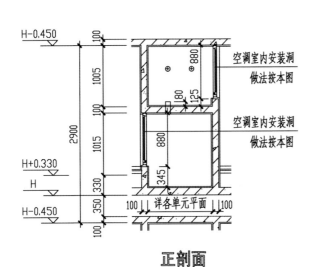

正剖面

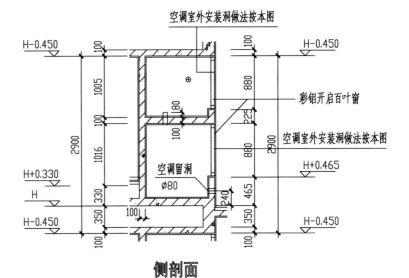

侧剖面

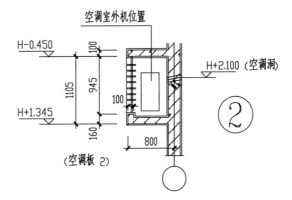

设计特点：利用凸窗之间的空间设置空调外机，空调从室内安装，
　　　　　隐蔽性和安全性好。
　　提示：空调百叶太密，可适当减少，以利散热。

中星海上名庭

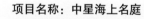

项目名称：中星海上名庭

占地面积：60000m^2 总建筑面积：101000m^2

开 发 商：上海中星（集团）有限公司

设计单位：上海中星建筑设计有限公司

楼盘地址：上海梅岭北路1258弄

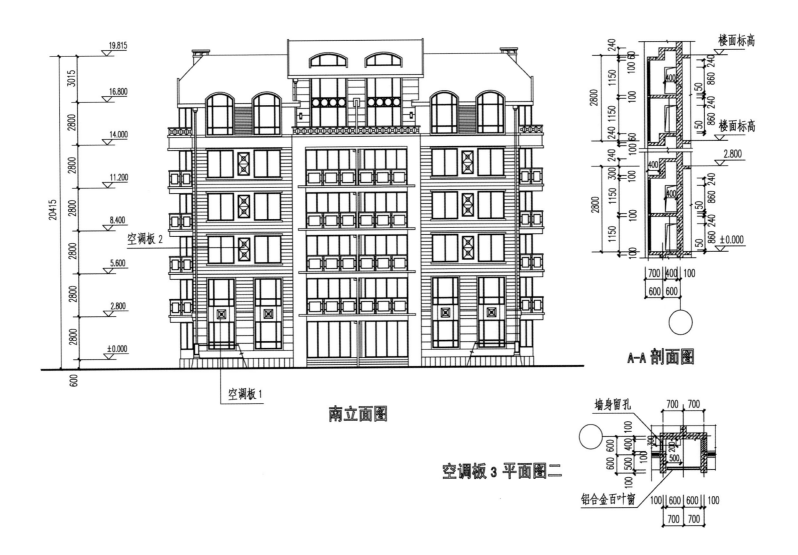

南立面图

A-A 剖面图

空调板 3 平面图二

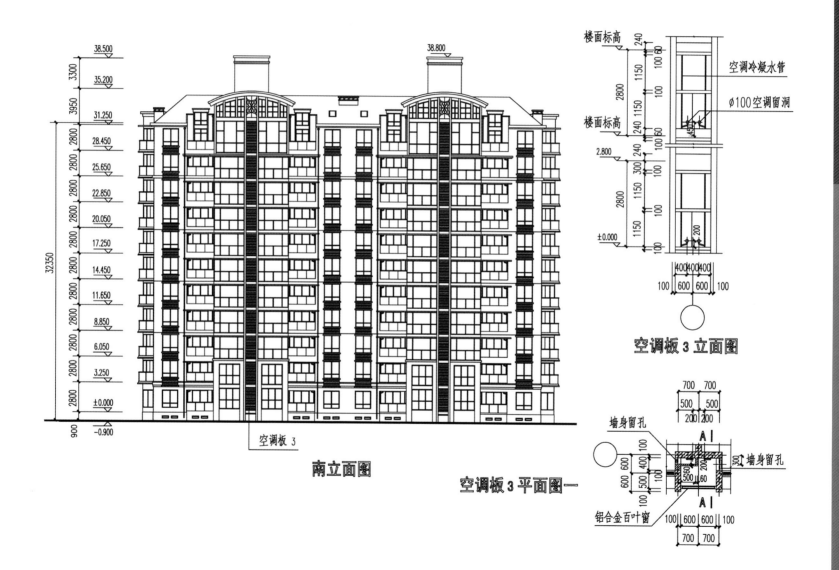

南立面图

空调板 3 立面图

空调板 3 平面图一

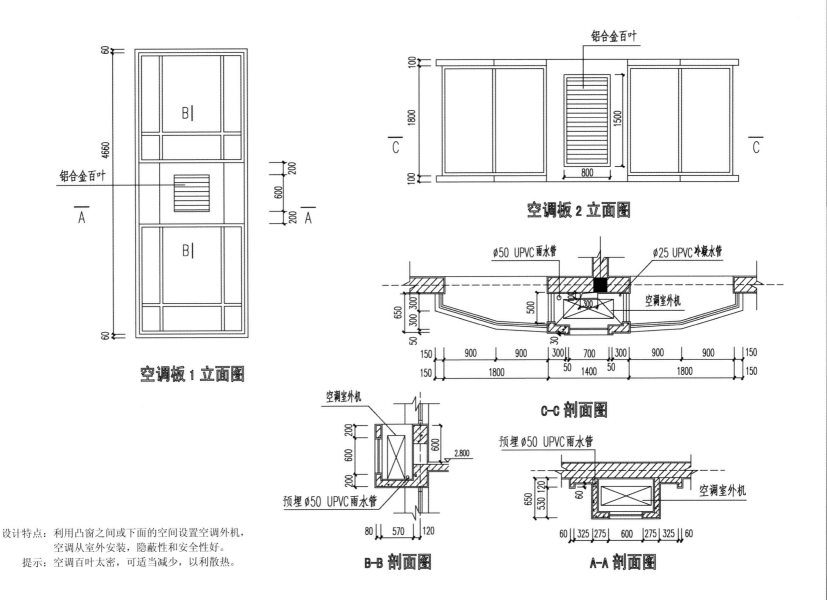

铝合金百叶

B|

B|

铝合金百叶

60
4660
600
200
200

空调板1立面图

铝合金百叶

C

1800
100
100
1500
800

空调板2立面图

ø50 UPVC雨水管
ø25 UPVC冷凝水管

空调室外机

650
300 300
500
300 300
50
30
300

150 900 900 300 700 300 900 900 150
150 1800 50 1400 50 1800 150

C-C 剖面图

空调室外机

预埋ø50 UPVC雨水管

200
600
600
200
2.800

80 570 120

B-B 剖面图

预埋ø50 UPVC雨水管

空调室外机

650
530 120
60

60 325 275 600 275 325 60

A-A 剖面图

设计特点：利用凸窗之间或下面的空间设置空调外机，
　　　　　空调从室外安装，隐蔽性和安全性好。
　　提示：空调百叶太密，可适当减少，以利散热。

文化佳园

项目名称:文化佳园

占地面积:100000m^2　总建筑面积:150000m^2

开 发 商:上海新延房地产有限公司

设计单位:上海城乡建筑设计院

楼盘地址:上海国权东路99弄

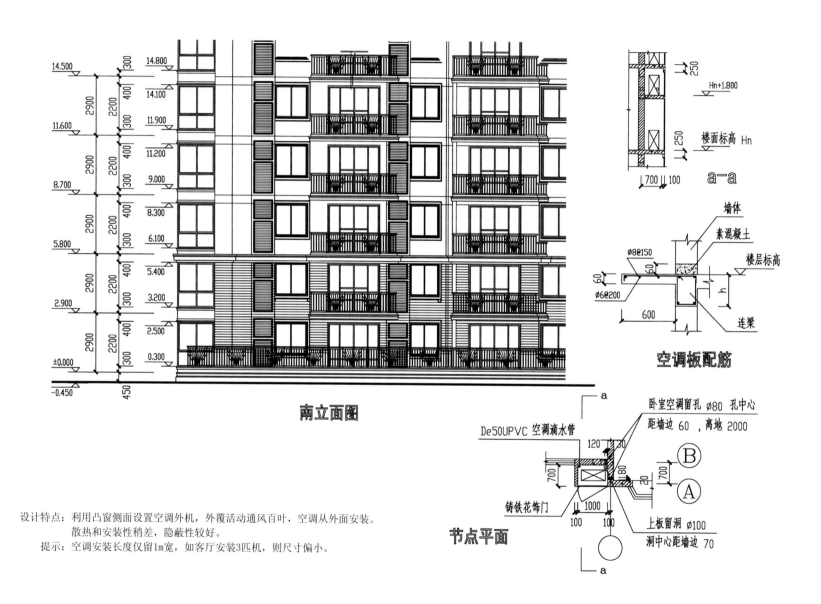

南立面图

a-a

空调板配筋

节点平面

设计特点：利用凸窗侧面设置空调外机，外覆活动通风百叶，空调从外面安装。
散热和安装性稍差，隐蔽性较好。
提示：空调安装长度仅留1m宽，如客厅安装3匹机，则尺寸偏小。

西部俊园

项目名称：西部俊园

占地面积：20000m² 总建筑面积：70000m²

开 发 商：西部企业集团发展有限公司

设计单位：同济大学建筑设计研究院

楼盘地址：上海长寿路777号

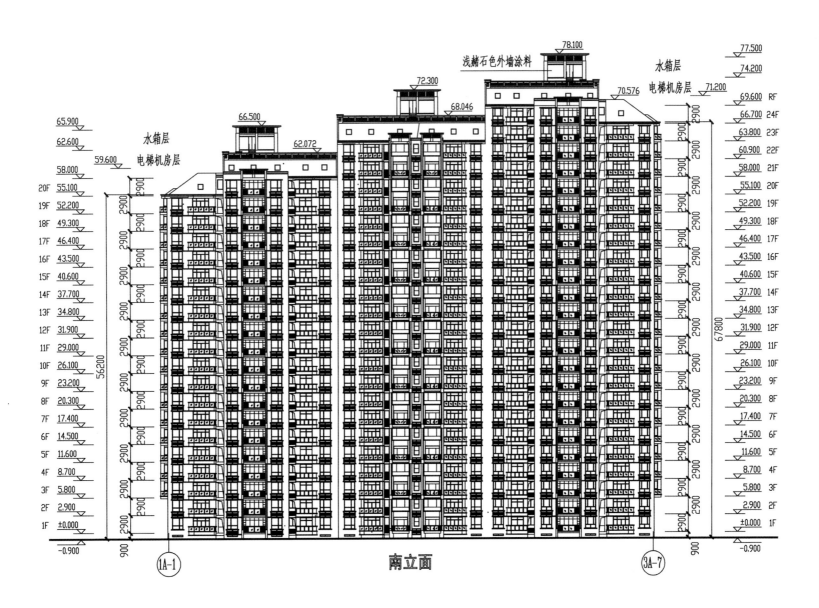

南立面

设计特点：利用凸窗之间的空间设置空调外机，空调
　　　　　从外面安装，隐蔽性和安全性较好。
　　提示：空调百叶间距@40太密，可适当减少，以
　　　　　利散热。

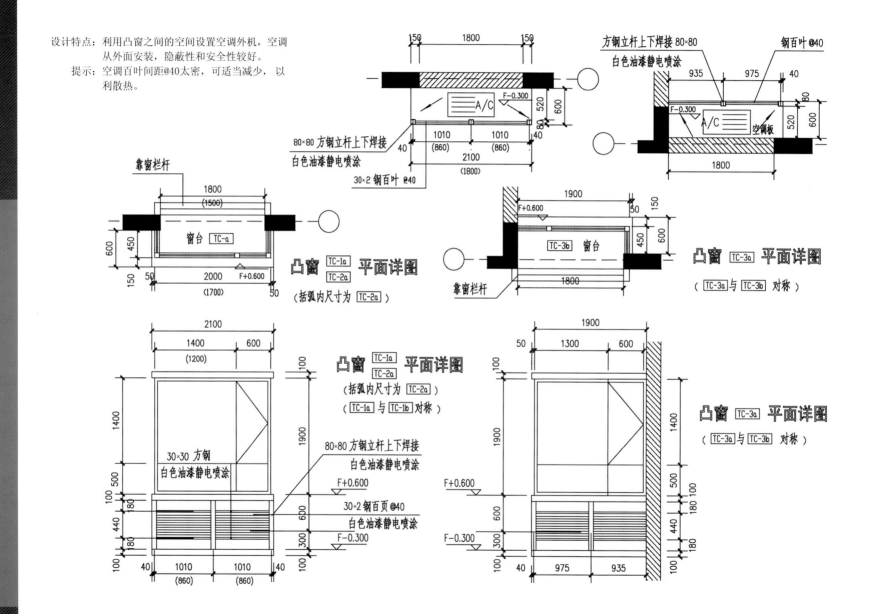

凸窗 TC-1a / TC-2a 平面详图
（括弧内尺寸为 TC-2a ）

凸窗 TC-3a / TC-3b 平面详图
（ TC-3a 与 TC-3b 对称 ）

凸窗 TC-1a / TC-2a 平面详图
（括弧内尺寸为 TC-2a ）
（ TC-1a 与 TC-1b 对称 ）

凸窗 TC-3a 平面详图
（ TC-3a 与 TC-3b 对称 ）

项目名称：万里中环11街坊

占地面积：90000m^2　　总建筑面积：180000m^2

开发商 ：上海中环投资开发（集团）有限公司

设计单位：华东建筑设计研究院

楼盘地址：上海新村路1515号

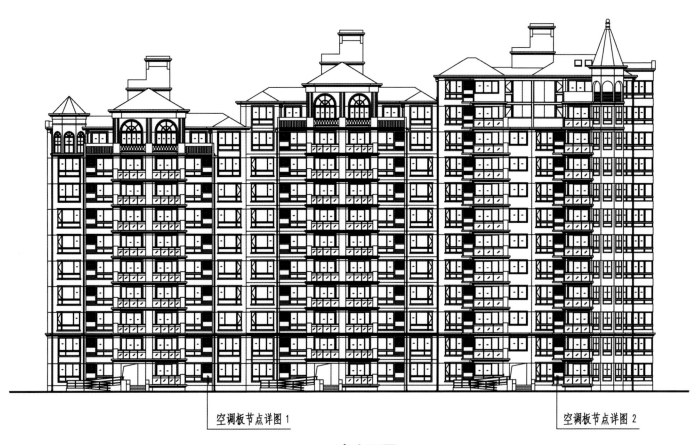

空调板节点详图 1　　　　　　　　　　　　　　　　空调板节点详图 2

南立面图

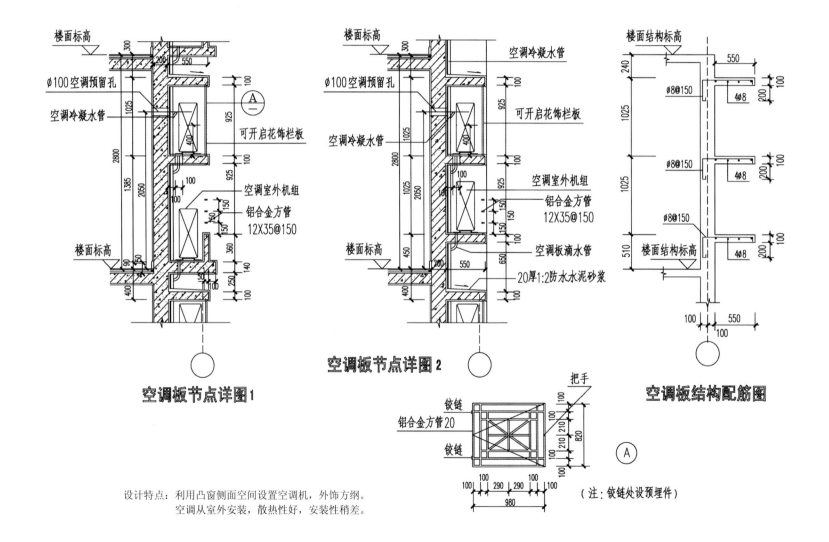

空调板节点详图1

空调板节点详图2

空调板结构配筋图

A

（注：铰链处设预埋件）

设计特点：利用凸窗侧面空间设置空调机，外饰方纲。
空调从室外安装，散热性好，安装性稍差。

项目名称：上大聚丰园（又名众望城）

占地面积：60000m^2　　总建筑面积：90000m^2

开 发 商：祁连房地产有限公司

设计单位：同济大学建筑设计研究院

　　　　　上海现代建筑设计（集团）有限公司

楼盘地址：上海上大路1828号

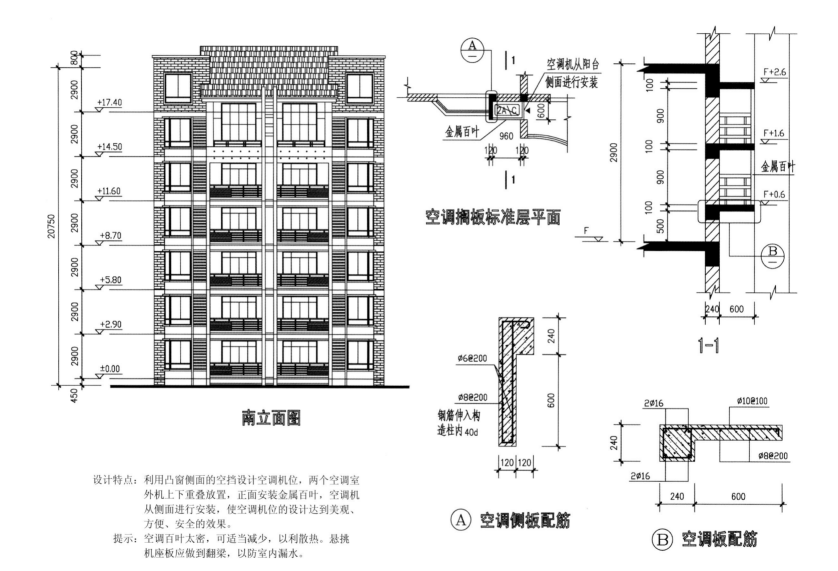

南立面图

空调搁板标准层平面

1-1

A 空调侧板配筋

B 空调板配筋

设计特点：利用凸窗侧面的空挡设计空调机位，两个空调室
　　　　　外机上下重叠放置，正面安装金属百叶，空调机
　　　　　从侧面进行安装，使空调机位的设计达到美观、
　　　　　方便、安全的效果。
　提示：空调百叶太密，可适当减少，以利散热。悬挑
　　　　机座板应做到翻梁，以防室内漏水。

四季晶园

项目名称：四季晶园

占地面积：20000m^2　　总建筑面积：40000m^2

开　发　商：上海盛佳置业有限公司

设计单位：上海中房建筑设计院

楼盘地址：上海水城南路16弄

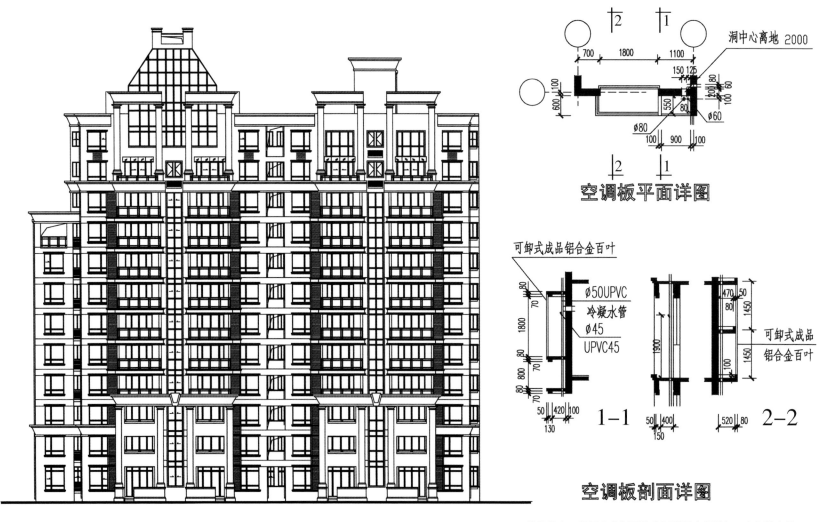

空调板平面详图

空调板剖面详图

立面图

设计特点：利用凸窗侧面的空间设置空调外机，空调从室外安装，隐蔽性好，安装稍显复杂。
提示：空调安装长度仅留900mm宽，如客厅安装2匹机，则尺寸偏小。

项目名称：联洋花园

占地面积：45500m² 总建筑面积：91000m²

开 发 商：上海联洋置业有限公司

设计单位：上海中房建筑设计院

楼盘地址：上海浦东丁香路901弄

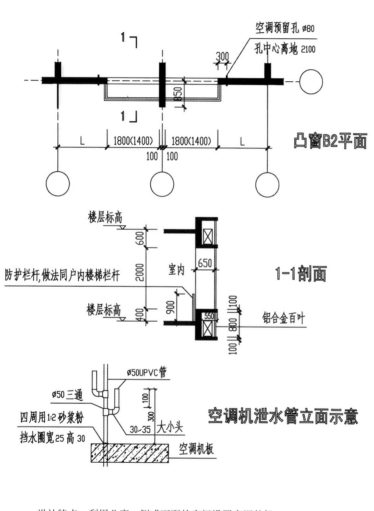

空调预留孔 ⌀80
孔中心离地 2100

1

850

300

凸窗B2平面

L 1800(1400) 1800(1400) L
100 100

楼层标高
600

防护栏杆，做法同户内楼梯栏杆

室内 650

1-1剖面

楼层标高
2000
400 900
550 100 800 100

铝合金百叶

⌀50UPVC管
⌀50三通
四周用1:2砂浆粉
挡水圈宽25高30
100
300
30-35 大小头
空调机板

空调机泄水管立面示意

设计特点：利用凸窗一侧或下面的空间设置空调外机，
　　　　　空调从室外安装，隐蔽性和安全性好。
提示：空调百叶太密，可适当减少，以利散热。

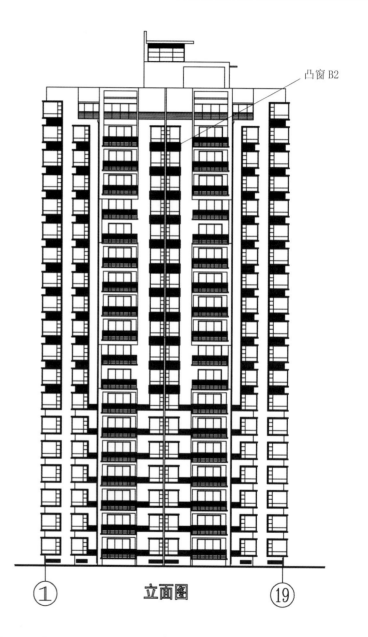

凸窗 B2

① 立面图 ⑲

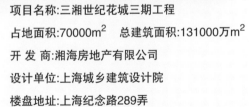

项目名称:三湘世纪花城三期工程

占地面积:70000m² 总建筑面积:131000万m²

开 发 商:湘海房地产有限公司

设计单位:上海城乡建筑设计院

楼盘地址:上海纪念路289弄

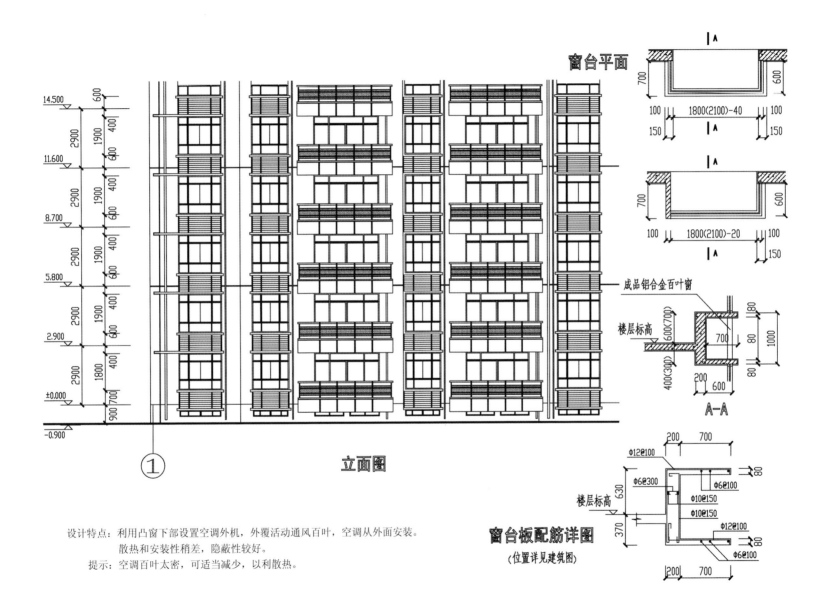

窗台平面

成品铝合金百叶窗

楼层标高

A-A

窗台板配筋详图
(位置详见建筑图)

立面图

设计特点：利用凸窗下部设置空调外机，外覆活动通风百叶，空调从外面安装。
散热和安装性稍差，隐蔽性较好。

提示：空调百叶太密，可适当减少，以利散热。

新理想家园

项目名称：新理想家园

占地面积：18800m^2　　总建筑面积：46000m^2

开发商 ：上海通乐房地产有限公司

设计单位：上海现代建筑设计（集团）有限公司

楼盘地址：上海洛川中路600弄

43

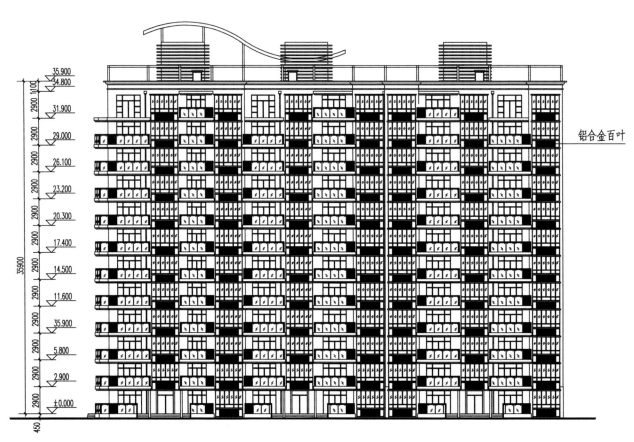

南立面图

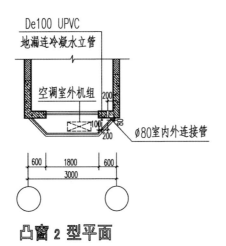

凸窗 2 型平面

凸窗 3 型平面

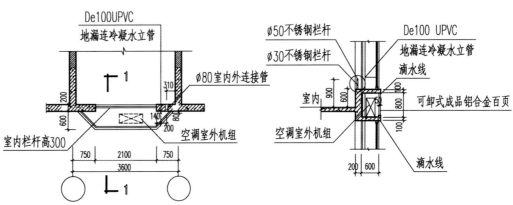

凸窗 1 型平面

1-1 剖面图

设计特点：利用凸窗之间的空间设置空调外机，空调从室外安装，隐蔽性和安全性好。

提示：空调百叶太密，可适当减少，以利散热。

奥林匹克花园

项目名称：奥林匹克花园

占地面积：670000m^2　　总建筑面积：670000m^2

开 发 商：上海奥林匹克置业投资有限公司

设计单位：中国船舶工业第九设计研究院

楼盘地址：上海九亭镇沪松公路1100号

利用阳台板及楼板外挑形成空调机板，主要辅以维护栏杆。这种方式散热性、安装性较好。

1. 正面利用铸铁栏杆遮蔽（铸铁花饰与阳台栏杆形式协调）。

2. 利用阳台内侧面及阳台板一侧外挑部分设置空调外机，且不影响阳台使用功能，主立面与阳台统一考虑。采用阳台内设置形式，应安装隔断，作为空调外机专用位置。

项目名称：万科春申城（假日风景）

占地面积：666000m^2　　总建筑面积：550000m^2

开　发　商：上海万科房地产有限公司

设计单位：中国建筑东北设计研究院

楼盘地址：上海畹町路113号（近春申路）

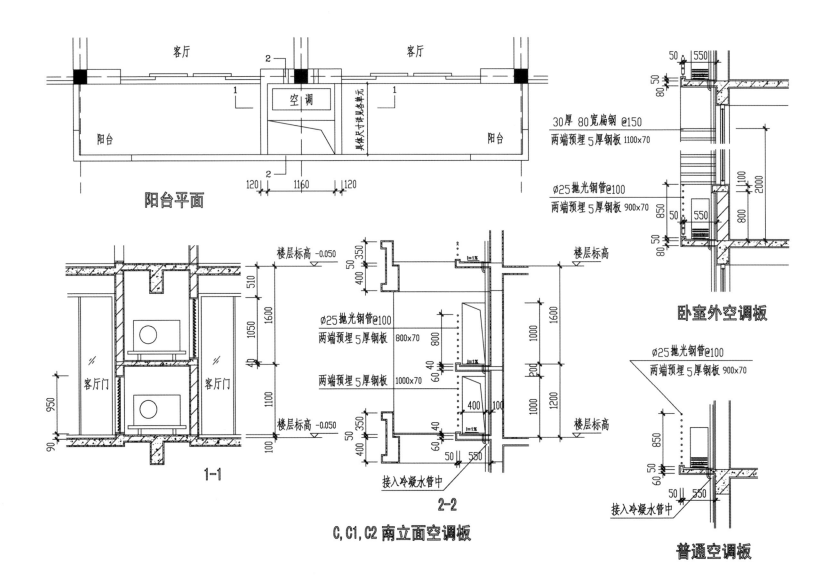

阳台平面

客厅

空调

具体尺寸详见各单元

阳台

1-1

客厅门

客厅门

30厚 80宽扁钢 @150
两端预埋 5厚钢板 1100×70

ø25抛光钢管@100
两端预埋 5厚钢板 900×70

卧室外空调板

ø25抛光钢管@100
两端预埋 5厚钢板 800×70

两端预埋 5厚钢板 1000×70

接入冷凝水管中

2-2

C,C1,C2 南立面空调板

ø25抛光钢管@100
两端预埋 5厚钢板 900×70

接入冷凝水管中

普通空调板

楼层标高 -0.050

楼层标高 -0.050

楼层标高

楼层标高

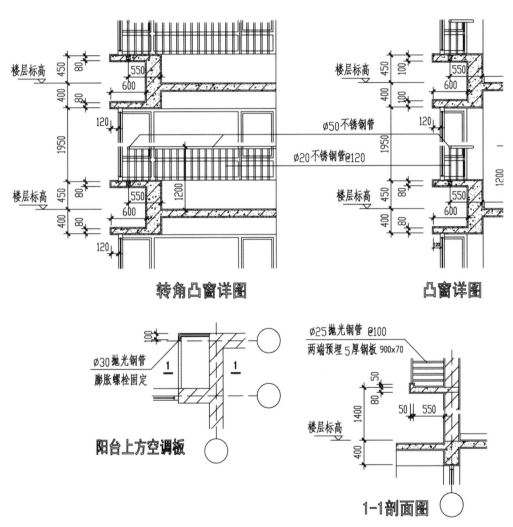

转角凸窗详图

凸窗详图

ø50不锈钢管

ø20不锈钢管@120

ø30抛光钢管
膨胀螺栓固定

阳台上方空调板

ø25抛光钢管 @100
两端预埋5厚钢板 900×70

1-1剖面图

设计特点：利用阳台间的凹口设置空调外机，散热和隐蔽性均好。

黄兴花园

项目名称：黄兴花园（公园3000）

占地面积：140000m² 　 总建筑面积：220000m²

开 发 商：上海新耀房地产开发有限公司

设计单位：上海中房建筑设计院

楼盘地址：上海双阳北路288弄

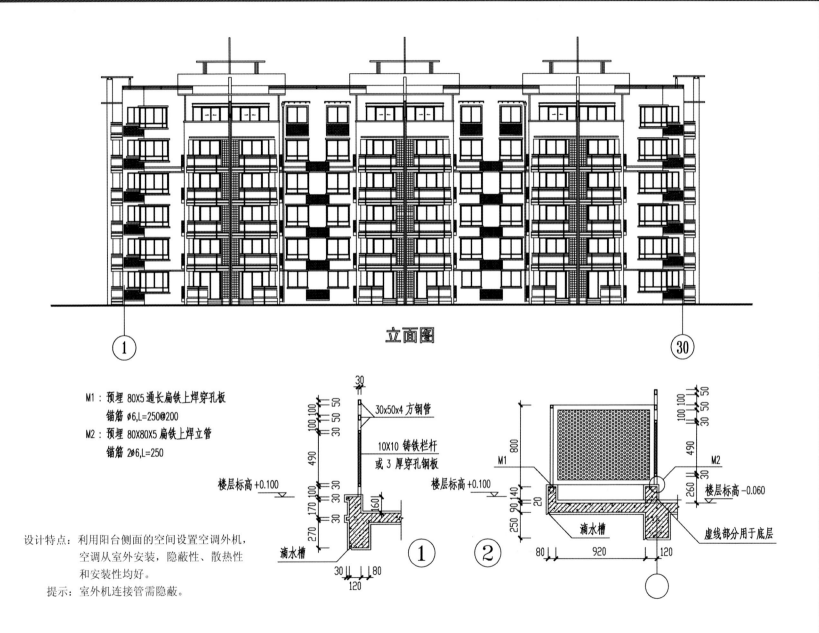

立面图

M1：预埋 80X5 通长扁铁上焊穿孔板
　　锚筋 φ6,L=250@200
M2：预埋 80X80X5 扁铁上焊立管
　　锚筋 2φ6,L=250

30x50x4 方钢管
10X10 铸铁栏杆
或3 厚穿孔钢板

楼层标高 +0.100
滴水槽

楼层标高 +0.100
滴水槽
楼层标高 −0.060
虚线部分用于底层

① ②

设计特点：利用阳台侧面的空间设置空调外机,
　　　　　空调从室外安装, 隐蔽性、散热性
　　　　　和安装性均好。
　　提示：室外机连接管需隐蔽。

爱建园

项目名称：爱建园

占地面积：120000m² 　　总建筑面积：220000m²

开 发 商：上海爱乐置业有限公司

设计单位：上海爱建建筑设计院

楼盘地址：上海漕溪路150弄

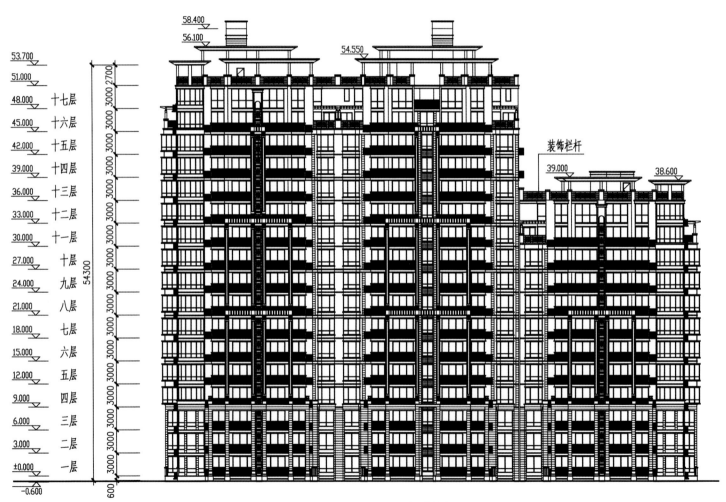

装饰栏杆

立面图

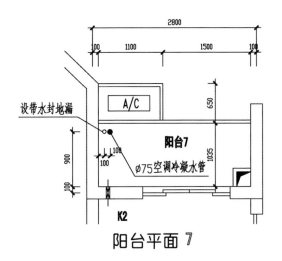

阳台平面 7

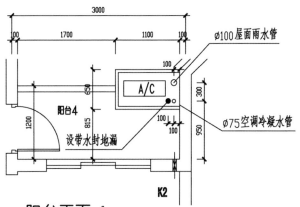

阳台平面 4

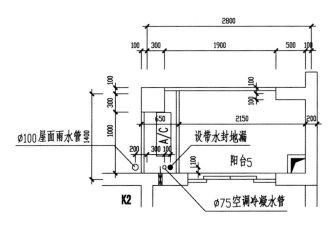

阳台平面 5

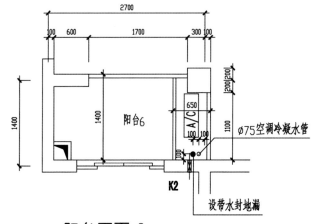

阳台平面 6

设计特点：利用阳台凹凸和侧面的空间设置空调外机，
　　　　　隐蔽性、散热性和安装性均好。
　　提示：室外机连接管需隐蔽。

项目名称：曼克顿豪庭（又名上海怡景苑）

占地面积：6514m² 总建筑面积：36425m²

开 发 商：上海新丽房地产开发有限公司

设计单位：上海建筑设计研究院

楼盘地址：上海西康路339弄1-9号

南立面图　　　　　　北立面图

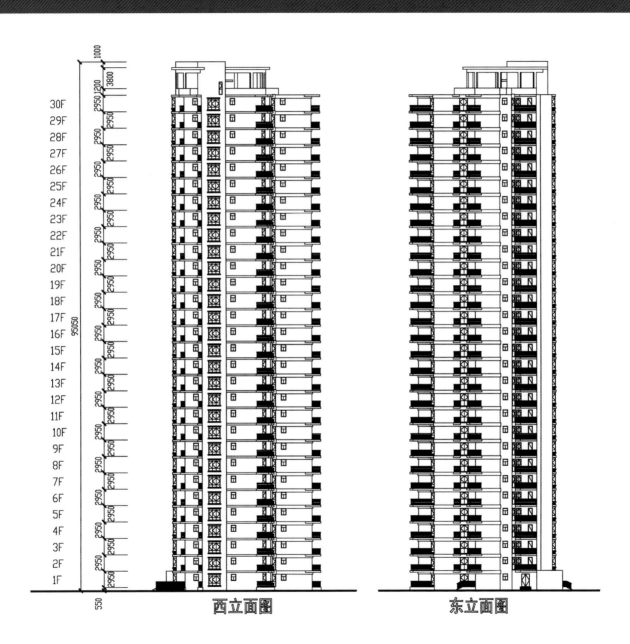

西立面图　　　　　　　　东立面图

仁恒滨江园

项目名称：仁恒滨江园
占地面积：140000m² 总建筑面积：350000m²
开 发 商：上海仁恒房地产有限公司
设计单位：新加坡杰盟建筑师事务所
　　　　　上海华东房地产设计有限公司
　　　　　华东建筑设计研究院
楼盘地址：上海商城路99号

项目名称：汇翠花园

占地面积：23700m² 　总建筑面积：90000m²

开 发 商：上海滨江置业有限公司

设计单位：南昌有色冶金设计研究院

楼盘地址：上海漕溪北路737弄

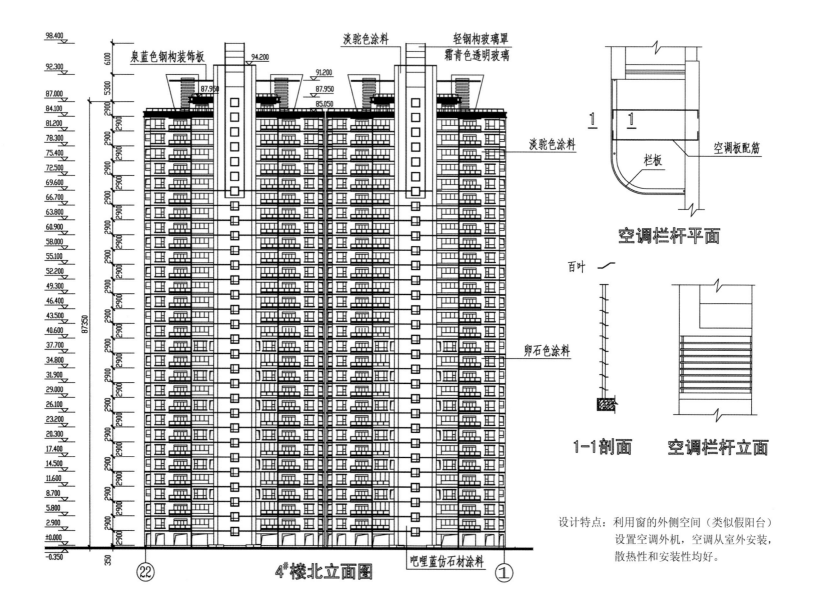

泉蓝色钢构装饰板

淡驼色涂料

轻钢构玻璃罩
霜青色透明玻璃

淡驼色涂料

卵石色涂料

4#楼北立面图

吧哩蓝仿石材涂料

空调栏杆平面

百叶

1-1剖面

空调栏杆立面

栏板

空调板配筋

设计特点：利用窗的外侧空间（类似假阳台）
设置空调外机，空调从室外安装，
散热性和安装性均好。

3.外墙悬挑式

　　建筑设计中利用建筑构造的悬挑机座板及平面凹槽在建筑的非主立面上布置室外机组，内外机标高相差约50cm，故连接管无须外露。既经济美观，又整齐划一。但单纯采用该种设计手法对平面要求较高，较难保证所有住宅厅、室的空调数量。

项目名称：宜仕怡家

占地面积：20000m^2　　总建筑面积：50000m^2

开　发　商：上海城开（集团）有限公司

设计单位：上海海波建筑设计有限公司

楼盘地址：上海龙华西路591弄

单体立面图

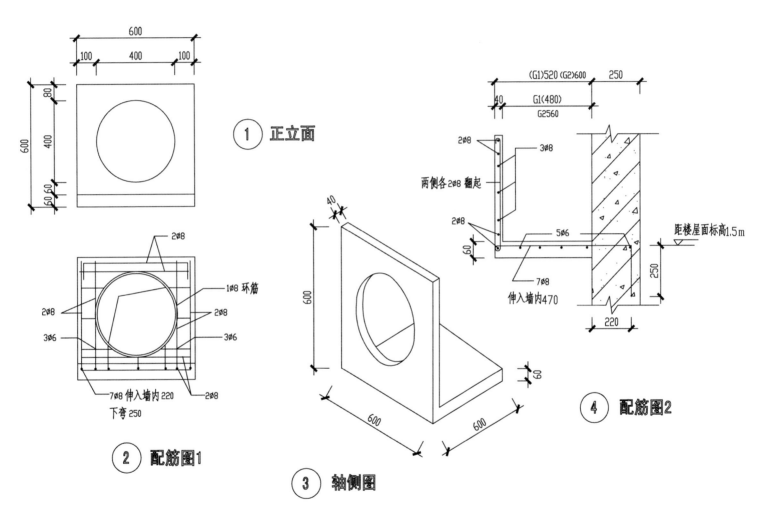

600
100 | 400 | 100
80
600
400
60 60

① 正立面

2Ø8
1Ø8 环筋
2Ø8
2Ø8
3Ø6
3Ø6
7Ø8 伸入墙内220
下弯250
2Ø8

② 配筋图1

40
600
600
600
60

③ 轴侧图

(G1)520 (G2)600   250
40   G1(480)
G2560
2Ø8
3Ø8
两侧各2Ø8 翻起
2Ø8
5Ø6
60
距楼屋面标高1.5m
250
7Ø8
伸入墙内470
220

④ 配筋图2

设计特点：利用阳台上部的空间设置悬挑空调外机，散热性和安装性均好。
　　　　　室内外标高相差很小，故室外连接管不需外露。
　　提示：对外机隐蔽设计还可完善。

项目名称：永新花苑

占地面积：16800m^2　　总建筑面积：85729m^2

开 发 商：上海永龙房地产有限公司

设计单位：建设部建筑设计研究院

楼盘地址：上海辛耕路100号

国际公寓

项目名称：国际公寓

占地面积：7800m² 总建筑面积：40000m²

开 发 商：嘉里房地产有限公司

设计单位：上海市高等教育建筑设计研究院

楼盘地址：上海四平路(物华路口)

提示：该楼盘外机设置方式适用
于统一安装相同规格空调
外机的住宅。

  在外立面粉饰后，用膨胀螺栓在外墙预装同色PVC管匣，该种技术简易可行，外观整洁，易与建筑本身浑然一体。此外，对已建建筑的空调外机整治也可采用类似措施。只是对物业管理要求较高。

项目名称：瑞虹新城

占地面积：40000m² 　　总建筑面积：112800m²

开 发 商：上海瑞城房地产有限公司

设计单位：香港吕邓黎建筑师有限公司

楼盘地址：上海临平路333号

长宁新城二期

项目名称：长宁新城二期

占地面积：29360m^2　　总建筑面积：98500m^2

开 发 商：上海绿地（集团）有限公司

设计单位：上海建筑设计研究院

楼盘地址：上海长宁路1188弄

虹康花苑四期

项目名称：虹康花苑四期

占地面积：15900m²   总建筑面积：20300m²

开　发　商：上海虹康房产建设有限公司

设计单位：上海建筑设计研究院

楼盘地址：上海仙霞路1388弄

空调无序安装示例

无序安装空调外机会造成问题：

1.若干年后，外机支架随时会发生安全隐患，如定时炸弹。

2.破坏整个建筑立面形象，随意无规则设置如乱贴膏药。

3.严重影响小区内部景观，内外机连接管无序放置如乱投蜘蛛网，
    同时也给城市环境造成污染。

4.冷凝水管滴水引起居民矛盾。

空调外机常用品牌参数汇总

品名	型号	匹	适用面积(m²)	外型尺寸（高×宽×深）		重量（kg）	
				室内机(mm)	室外机(mm)	室内	室外
松下空调	HC912KW	1	14～17	275×799×210	505×780×245	8	31
	HC1212KW	1.5	19～24	275×799×210	505×780×245	9	35
	HC1802FW	2	27～35	1680×500×298	685×800×300	37	51
	C270FW	3	38～48	1754×500×300	659×870×320	39	61
	HA4553FWY	5		1880×600×350	1220×1100×320	56	113

品名	型号	匹	适用面积(m²)	外型尺寸（高×宽×深）		重量（kg）	
				室内机(mm)	室外机(mm)	室内	室外
海尔空调	KF—25GW	1	12～18	250×760×182	540×780×245	8.5	31.5
	KF—35GW	1.5	15～23	250×760×182	540×780×245	8.5	36
	KF—50GW	2	23～33	330×1100×205	680×810×288	14	58
	KF—70GW	3	32～49	308×1155×224	830×948×340	17	71
	KFRD—120LW/EF	5	60～90	1820×530×340	1225×940×340	50	91

品名	型号	匹	适用面积(m²)	外型尺寸（高×宽×深）		重量（kg）	
				室内机(mm)	室外机(mm)	室内	室外
夏普空调	AY—25JA	1	12～20	278×815×186	535×720×228		
	AY—36JA	1.5	20	270×850×188	535×800×260		
	AY—50JA	2	30	330×1100×195	637×800×297		
	GS—712GA	3	40	1850×600×295	840×951×352		
	GS—120MJ	5	48～75	1750×600×322	793×957×362		

品名	型号	匹	适用面积(m²)	外型尺寸（高×宽×深）		重量（kg）	
				室内机(mm)	室外机(mm)	室内	室外
美的空调	KFR—23G/Y-Q	1	10～15	250×825×195	535×700×235	9.5	28
	KFR—32GW/Y-Q	1.5	17～21	250×825×195	540×780×250	9.5	36
	KFR—50GW/I₁Y	2	21～33	286×906×235	695×845×330	13.5	55
	KFR—70GW/I₁Y	3	37～48	320×1190×200	860×895×320	20	76
	KF—120W/SY	5	61～81	840×840×310	1245×940×400		110

品名	型号	匹	适用面积(m²)	外型尺寸（高×宽×深）		重量（kg）	
				室内机(mm)	室外机(mm)	室内	室外
爱特空调	KF—23GW	1	10～15	265×814×167	540×800×250	8	31
	KF—35GW	1.5	18～23	300×900×172	540×800×250	10	37
	KF—50LW	2	21～33	1670×520×273	637×800×268	40	52
	KF—71LW	3	37～48	1750×530×300	340×948×830	43	66
	KFR—120LW/S	5	48～80	1820×530×340	340×948×1225	55	110

品名	型号	匹	适用面积(m²)	外型尺寸（高×宽×深）		重量（kg）	
				室内机(mm)	室外机(mm)	室内	室外
大金电机	（内）FTX25LVIC	1		273×784×185		8	
	（外）RX25LVIC				560×695×265		35
	（内）FTX35LVIC	1.5		273×784×185		8	
	（外）RX35LVIC				560×690×265		37
	（内）FTX45HAVILC	2		275×790×159		7.5	
	（外）FX45HAVILC				660×660×290		48
	（内）FVY71LMVILW	3		1850×600×270		42	
	（外）RY71BSVIL				816×880×370		89

品名	型号	匹	适用面积(m²)	外型尺寸（高×宽×深）		重量（kg）	
				室内机(mm)	室外机(mm)	室内	室外
三菱电机	KF—23GW	1	10～15	278×815×208	540×710×255	10	26
	KF—35GWB	1.5	17～22	278×815×208	540×780×255	10	38
	KF—54GW	2	21～23	320×1015×190	655×860×330	14	47
	KF—74GW	3	35～50	325×1100×227	850×870×319	16	72
	P8H—5JJH—S	5		1900×600×360	1258×970×369	53	114

品名	型号	匹	适用面积(m²)	外型尺寸（高×宽×深）		重量（kg）	
				室内机(mm)	室外机(mm)	室内	室外
日立空调	KFR—25×2GW	1	11～20	298×815×194	590×800×350		
	KFR—36GW	1.5	14～24	298×910×189	570×750×250		
	KFR—50LW	2	20～34	1700×500×270	590×800×350		
	KFR—72LW	3	28～48	1900×500×270	870×800×350		
	KFR—120LW	5	48～80	1900×600×320	1150×950×390		

品名	型号	匹	适用面积(m²)	外型尺寸（高×宽×深）		重量（kg）	
				室内机(mm)	室外机(mm)	室内	室外
将军空调	ASP—9R	1		260×815×186	535×695×250	8	9
	ASP—12R	1.5		260×815×186	535×695×250	8	34
	ASP—19R	2		320×1250×195	700×900×350	18	58

品名	型号	匹	适用面积(m²)	外型尺寸（高×宽×深）		重量（kg）	
				室内机(mm)	室外机(mm)	室内	室外
春兰空调	KFR—23GW/T	1		250×745×190	484×590×245	10	32
	KFR—35GW/E	1.5		302×900×174	550×710×240	12	38
	KFR—50GW/A	2		320×1014×195	853×950×360	16	50
	KFR—70LW/ED	3		1800×540×274	853×950×360	49	98
	KFR—120LW/CDS	5		1900×600×350	1140×920×350	60	108

建 议

对本图集汇编的室外机机座尺寸，不同面积的房间，应设置对应规格的室外机机座，并留有适当余地。机座须有一定兼容性，能使不同品牌、不同尺寸的空调外机都能安装，又不造成浪费。下表所列对应数据供设计单位和开发单位参考。

各功能空间的面积 （m²）	空调机功率 （匹）	机座板最小净尺寸 （长 mm×宽 mm×高 mm）	备注
12 以下(含12)的次卧室、书房等	1	1250×700×600	设计中遇到落水管或其他突出物时须让出位置
12~20(含20)的主卧室、次卧室、书房等	1.5	1250×700×650	
20~28(含28)的主卧室、客厅等	2	1350×780×700	
28~35(含35)的主卧室、客厅等	2.5	1380×780×900	
35~40(含35)的客厅等	3	1380×780×900	

盖 管

I 管

II 管

III 管

上海集亨实业有限公司开发、生产的空调管线装饰盖管系列产品，是根据上海市府（1998）2号令《上海市空调设备安装使用管理规定》、上海市住宅发展局（1996）215号文《关于本市新建住宅阳台封闭及空调设备等附属实施安装加强管理通知》，以及上海市住宅发展局、上海市房屋土地管理局、上海市建筑业管理办公室联合发布的"沪住规（1999）065号"《关于本市住宅项目实行空调机位置统一设置的通知》的要求而开发的产品。专利号"ZL 98 2 241321.1"。本产品在开发过程中得到了上海市住宅发展局的关心和支持。

空调装饰盖管介绍

空调管线装饰盖管在市场发展过程中不断完善，目前已形成了 I 型、II 型和 III 型的系列。主要用于家用空调、商用空调和 VRV 空调系统的安装。其主要特点是：

● 良好的装饰效果 —— 彻底改变冷媒管道随意地悬挂在室内外造成杂乱无章的零乱状态。真正实现了将冷媒管道和谐地融入周围环境，保证了建筑物外立面的美观文雅，完美体现了建筑师的设计风格。

● 保护冷媒管道 —— 克服目前冷媒管道暴露在外风吹雨淋，使保温材料很快老化的缺陷。使用装饰盖管后，在 −20℃ ~ +60℃ 情况下，冷媒管道可使用15年以上、与空调本身的设计寿命相匹配。

● 防止冷媒介质泄漏 —— 一般冷媒管的安装，其支撑点集中在两个喇叭口上，受力集中，风吹晃动容易疲劳而产生裂缝，引起冷媒剂泄漏。使用装饰盖管后，可防止冷媒管道的晃动，能完全避免上述问题，杜绝冷媒剂泄漏，保证空调的正常使用。

该产品在名都城、瑞虹新城、中远两湾城、奥林匹克花园、四季雅苑、浦东国际机场等项目的使用中，获得了开发商和建筑师的一致好评。

金坤花园

过墙盖

平面弯头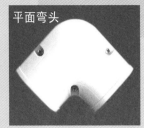

三通100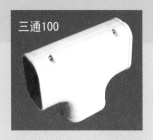

尾接头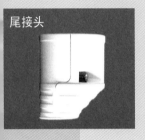

墙洞盖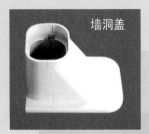

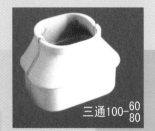
三通100-$\frac{60}{80}$

中远两湾城

上海大学

瑞虹新城

四季雅苑

上海集亨实业有限公司
地址：上海市大连西路261号805室

上海市对空调外机
规范设置的具体要求

一、空调外机管理要求与现状

随着人们生活水平的日益提高，上海作为国际化大都市的地位进一步确立，保护与美化城市环境已显得更加重要与紧迫。为了确保人民住区安全、美化住宅环境，防止小区内建筑立面形象及城市景观与环境受到破坏，1999年市住宅局、市房地局、市建筑业管理办公室联合发出《关于本市住宅项目实行空调机位置统一设置的通知》，规定："凡本市新建住宅项目必须做好每幢住宅有关空调机位置统一设置的设计。在设计中要适度超前，结合住宅的立面效果、平面布局、使用功能等，合理规划好空调机的数量，并在有关图纸中将住宅墙体上的空调室内外机组连接管预留孔位置、室外机组安放位置、冷凝水统一排放管位置等标识清楚"，首次提出了空调外机必须安全、统一设置的要求。

2001年《上海市住宅设计标准》第7.5条中规定："住宅在无中央空调系统时，每套住宅的居住空间均应考虑安装空调机的措施，并统一设置机座板。机座板的设计应安全、隐蔽、美观及便于安装"。同年，市住宅局又颁发了《关于加强新建住宅空调外机设置管理的补充通知》，进一步对空调外机设置提出了隐蔽美观的要求，同时要求未按安全、统一设置空调外机的住宅项目采取补救措施，并编制了一本空调机室外基座板建筑构造图集，供设计单位选用。

2002年市住宅局提出空调外机设置逐步由外加设施转变为建筑的基本构件的要求。目前新建住宅空调外机设置已列入住宅设计规范要求，安全、统一设置问题基本得到解决。

当前存在的主要问题：

（1）房产开发商对空调外机设置的重视程度不一致，设计单位设计形式不够成熟、多样。

（2）沪住规（1999）065号文对住宅空调外机在住宅项目方案审查、项目施工、办理交付使用、物业管理等方面都有规定，但缺乏必要审查制度。

二、为落实空调外机设置安全、统一、隐蔽、美观的管理要求，提出以下具体要求。

（1）总体要求：空调外机隐蔽的形式有窗间窗台式、阳台内置外置式、外墙悬挑式等，要注意和建筑外立面的协调。空调内外机连接管暴露在外墙面上的，须将该连接管整齐划一固定，提倡安装同色的PVC管匣，以使外观美观、整洁。

空调的冷凝水管必须与统一安装的总冷凝水管相连接，以防止不规则滴水。

（2）对开发商要求：开发商要高度重视住宅空调外机设置对住宅小区及城市景观环境的重要性。同时开发商也必须要求受委托的设计单位将空调外机设置作为整个住宅建筑的一个设计内容。

（3）对设计单位要求：设计单位必须从满足居民需求出发将空调外机设置作为一个建筑元素，结合建筑形态综合考虑，做到隐蔽美观，并附有设计施工详图。

（4）对物业管理要求：物业管理部门必须控制、引导居民安全、统一安装空调外机并在居民入户以前给予告示。同时与住户签订按设计要求统一安装空调外机的协议。

（5）对居民用户要求：居民必须按照已有设计的或预留的位置布置空调外机，不得按个人意愿随意安装。

三、展望

空调外机管理这项工作覆盖面广，牵涉面多，将是一项长期的、有一定难度的工作，需要循序渐进地开展。由此可确定三步走原则：1999年~2000年为基础年，2001年~2002年为推进年，2003年为深化年。争取到2003年底，竣工的住宅空调外机设置基本做到安全、统一、隐蔽、美观。

上海市住宅发展局

2002年9月19日

地址：上海北京西路99号

电话：021-63193188

邮编：200003